Bibliografische Information der Deutschen Nationalbibliothek:

Die Deutsche Bibliothek verzeichnet diese Publikation in der Deutschen Nationalbibliografie; detaillierte bibliografische Daten sind im Internet über http://dnb.d-nb.de/ abrufbar.

Impressum:

Druck und Bindung: Books on Demand GmbH, Norderstedt Germany
ISBN: 9783668311787

Dieses Buch bei GRIN:

http://www.grin.com/de/e-book/341334/physische-geographie-der-harzregion-die-harzer-moore

Claudia Jözwiak

Physische Geographie der Harzregion. Die Harzer Moore

Beitrag zum Exkursionsführer

GRIN Verlag

Die Harzer Moore

Beitrag zum Exkursionsführer „Physische Geographie der Harzregion“

Humboldt-Universität zu Berlin

Geographisches Institut

Abt. Physische Geographie

Wintersemester 2015/16

Studienprojekt: Physische Geographie der Harzregion aufbereitet als Exkursionsführer

als Modulabschlussprüfung vorgelegt von:

Name: Claudia Jözwiak

Studiengang: Geographie B.sc.

1. Inhalt

1. Moore und Braunkohle in der Harzregion

Moore sind einzigartige und faszinierende Ökosysteme, die eine ursprüngliche, wilde Natur verkörpern. Sie unterscheiden sich grundlegend von anderen Ökosystemen und bieten in ihrer Ursprünglichkeit einen Lebensraum für hochspezialisierte und angepasste Tier- und Pflanzenarten. Moore nehmen eine wichtige Funktion für den Landschaftshaushalt ein und sind gleichzeitig stark gefährdete Landschaftstypen. Ich habe ich mich für dieses Thema entschieden, um eben diese Vielfältigkeit und Einzigartigkeit der Moore aufzuzeigen. Im Rahmen dieses Exkursionsführers gibt es einen weiteren Moorbericht mit dem Schwerpunkt Renaturierung. Ich hingegen möchte die Besonderheiten der Moorentwicklung und -zusammensetzung und deren typische Vegetation herausarbeiten. Dazu werde ich das Goethemoor und das Niederkalkmoor im Helsunger Bruch vorstellen. Im letzten Abschnitt meines Berichtes werde ich auf die Inkohlungsprozesse eingehen, die im Wienroder Becken zur Entstehung von Braunkohle geführt haben.

1.1 Einführung ins Thema

Die Landschaft des Hochharzes, ein Gebiet von rund 116km², wird von großflächigen waldfreien Hochmooren, kleineren Niedermooren und ausgedehnten Fichten-Moorwäldern geprägt. Es gibt hier 54 offene Vermoorungen, die einen Anteil von rund 500ha einnehmen. Hinzu kommt allein im Niedersächsischen Westharz eine beachtliche Fläche von 937ha vermoorten Fichtenwäldern. Die Moore im Harz sind fast ausschließlich Hangmoore, da sie sich auf geneigtem Untergrund befinden. Nur ein kleiner Teil der Moore ist auf ebenem oder fast ebenem Untergrund entstanden (vgl. Beug 1999, 8 und 91).

Das Moorwachstum begann unmittelbar nach der letzten Eiszeit vor rund 10.000 Jahren. Während der jüngsten, sogenannten weichselzeitlichen Vereisung, mit einer Mächtigkeit des Eisschildes von bis zu 200m, waren u.a. Rehberg, Sonnenberg, Wurmberg und Königsberg am Brocken vergletschert. Im Weichsel-Spätglazial löste sich der Gletscher vermutlich ganz auf und ließ auf dem undurchlässigen Granituntergrund mit vielen Senken und Klüften und aufgrund der feuchtkühlen Bedingungen vernässte Bereiche entstehen (vgl. Beug 1999, 18). Es konnte sich über einen langen Zeitraum mehr Wasser in den Senken und Klüften ansammeln, als durch Verdunstung und Abfluss verloren ging. Dies ist die erste wichtige Voraussetzung für eine Moorbildung. Durch das anaerobe Milieu werden nun abgestorbene Pflanzen nicht bzw. nur teilweise durch Pilze und Mikroorganismen zersetzt. Diese Pflanzenreste lagern sich schichtweise auf dem Granituntergrund ab und es entstehen sedentäre Sedimente, kurzum Torf (vgl. Luthardt/Zeitz 2014, 13). Moore haben daher eine positive Stoffbilanz, d.h. es werden mehr organische Substanzen gebildet als zersetzt. Mit dieser selbstwachsenden Kraft und der positiven Stoffbilanz unterscheiden sich Moore von allen anderen Ökosystemen auf der Erde und sind damit einzigartig (vgl. Succow 1986, 20-21). Die Frage, wann man im bodenkundlichen Sinn von einem Moor spricht, ist einfach zu beantworten. Es müssen Torfmächtigkeiten von mehr als 3dm erreicht werden. Die abgelagerten organischen und anorganischen Substrate sind sehr porös und saisonale Wasserstands-schwankungen bedingen ein Schrumpfen und Quellen. Daraus resultieren Schwankungen in den Höhen der Mooroberflächen, was als Oszillation bezeichnet wird (vgl. Luthardt/Zeitz 2014, 13-14). Durch die Unterbrechung des Kohlenstoff- und Stickstoffkreislaufes stellen Torflagen gewaltige Kohlenstoff- und Stickstoffvorräte dar und sind somit sehr kostbar. Wachsende Moore haben zudem eine ganz außerordentliche Eigenschaft. Sie haben ein unglaubliches Festhaltevermögen für Wasser aufgrund der fossilisierten pflanzlichen Strukturen und können bis zu 95% aus Wasser bestehen (vgl. Succow 1986, 21). Dies hat für den Landschaftswasserhaushalt des Harzes eine wichtige ökologische Bedeutung, denn Moore stellen natürliche Wasserspeicher, Hochwasser-retentionsräume und Grundwasserernährungsgebiete dar. Die Hochmoore im Harz fangen beispielsweise große Niederschlagsmengen ab und verhindern so Sturzflüsse aus den höheren Gebirgslagen. Das Wasser wird von den Mooren nach und nach abgegeben und formiert sich zu Bachläufen, wie z.B. zum Königsbach und der Ilse. Eine weitere wichtige Funktion für die Umgebung von Mooren ist der Oaseneffekt. Treten Hitzeperioden auf, so haben Moore eine sehr hohe Verdunstungsrate. Wasser wird dann ganz langsam in Form von Wasserdampf an die Umgebung abgegeben, was einen erheblichen Kühlungseffekt bewirkt. Dadurch wird der Stress für die nähere Umgebung in der Trockenzeit abgemindert. Somit erschaffen Moore ihr eigenes Mikroklima. Sie können zudem in tieferen Schichten sogenannte Wasserkissen bilden, die in Trockenzeiten einen Wasservorrat darstellen (vgl. Luthardt/Zeitz 2014, 15).

Der Hochharz ist im Vergleich zum Umland mit einem jährlichen mittleren Niederschlag von rund 1500mm ein Niederschlags-Überschussgebiet und liefert damit ideale Wachstumsbedingungen für Moore (vgl. Glässer1994, S. 243). Die Höhe der Niederschläge im Harz zeigt eine deutliche Abhängigkeit vom Relief und von der Hauptwindrichtung Südwest bis West. Die mittlere jährliche Niederschlagssumme nimmt infolge dessen von Westen nach Osten ab (vgl. Baumann 2009, 8). Daher ist es auch nicht verwunderlich, dass sich die Moore hauptsächlich an der Regenseite des Harzes, also westlich des Brockens und in höheren Lagen gebildet haben. Im Harz entstanden vor allem durch die Ansiedlung von Torfmoosen, die das Wasser wie einen Schwamm aufsaugen, bis über 7m mächtige Moorkörper (vgl. Nationalpark Harz 2010).

Es gibt viele mögliche Einteilungen von Mooren, die auf den ersten Blick sehr kompliziert erscheinen können. Daher beginne ich zunächst mit der Hauptgliederung der Moore in Niedermoore (minerotroph), Übergangsmoore (ombro-minerotroph) und Hochmoore (ombrotroph). Die Bezeichnung *hoch* und *nieder* hängt allerdings nicht mit der Höhenlage zusammen, sondern mit deren Entstehungsweise und Aufbau. Eben diese Unterschiede sowie die typische Vegetation dieser Moortypen werde ich in den nachfolgenden Beiträgen erläutern.

1.2 EXP 1: Das Goethemoor

Geographische Lage	Angaben zur Erreichbarkeit
φ = 51° 47' 42" N λ = 10° 36' 36" O h = 1000 m ü. NHN	Das Moor befindet sich zwischen Königsberg und Brocken. Es ist über den Goetheweg, welcher am Nationalpark-Besucherzentrum TorfHaus beginnt und am Großen Torfhausmoor und am Brockenfeld vorbei führt oder von der Brockenstraße, die parallel zur Bahnlinie verläuft, zu erreichen.

Zunächst bildeten sich im Harz über dem Mineralboden mit seinem nährstoffreichen Grund- und Oberflächenwasser Niedermoore. Die Pflanzen sterben ab und werden als sedentäre Sedimente abgelagert, bis die Torflager so hochwachsen, dass der Kontakt zur Nährstoffversorgung aus dem Mineralboden oder die Versorgung mit dem von den Hängen abfließenden Oberflächenwasser abbricht (vgl. Beug 1999, 40-41). Es entstehen Hochmoore, die man nun an ihrer besonderen Oberflächenform erkennt. Sie können mehrere Meter über der Mineralbodenfläche aufgewölbt sein, was den Namen *Hoch*moor bedingt (vgl. Abb. 1.). Da die Basis der Harzer Hochmoore Niedermoortorfe sind, handelt es sich um nicht wurzelechte Hochmoore (vgl. Beug 1999, 91). Hochmoore sind ombrotroph, d.h., sie werden allein vom Niederschlag gespeist und sind daher sehr nährstoffarm und haben einen niedrigen pH-Wert. Sie haben ein autonomes Wasserregime und sind völlig unabhängig von Quellen, Grund- oder stehendem Wasser. Hochmoore können aus diesem Grund nur in Niederschlags-Überschussgebieten vorkommen, in denen die Verdunstung und der Abfluss jährlich durchgehend geringer sind, als die Niederschlagssummen. Der Hochharz stellt solch ein ideales Gebiet für Hochmoore dar (vgl. Göttlich 1990, 7).

Abbildung 1: Schichtaufbau Hochmoor

Der Exkursionspunkt Goethemoor besteht aus mehreren Vermoorungen zwischen Königsberg (1035m ü. NN) und Brocken (1140m ü. NN). Die Längsachse des Moores verläuft vom Brocken im NO nach SW zum Königsberg. Es bedeckt eine Fläche von insgesamt 46,06ha über nährstoffarmen Granitgestein, wovon lediglich 11,61ha offene Moorflächen einnehmen (vgl. Baumann 2009, 181). Das Goethemoor im engeren Sinn, auch als „Brockenmoor" bezeichnet, befindet sich auf dem Sattel zwischen Königsberg und Brocken (990-1000m ü. NN) und besitzt diverse Hangmoore. Daher wird es als Sattel-Hang-Moor-Typ eingestuft und gehört aufgrund dessen auch zu den Komplexmooren. Das Goethemoor wird durch die Brockenbahn durchschnitten und erscheint dadurch dreigeteilt. Nördlich der Bahn befindet sich ein Drittel des Moores mit geringen offenen Flächen. Südwestlich der Brockenbahn befindet sich ein großer offener Hangmooranteil auf 990 – 1010m ü. NN auf dem Königsberg, das „Hangmoor am Königsberg". Es werden außerdem kleinere soligene Hangmoore am Nordhang des Königsberges (980-1005m ü. NN) sowie die großflächigen Vermoorungen am Süd- und Südwesthang des Brockens (950 – 1060m ü. NN) hinzugezählt (vgl. Beug 1999, 331). Die ineinander übergehenden Sattel- und Hangmooranteile unterscheiden sich hydrologisch sehr deutlich voneinander und besitzen unterschiedliche, eigene Wachstumskomplexe (vgl. Baumann 2009, 181).

Vor ca. 9.800 bis 10.480 Jahren begann die Vermoorung des heutigen Goethemoores kleinflächig direkt über dem mineralischen Untergrund mit sogenannten Moorkernen. „Das Goethemoor ist aus sieben an fünf Hangmoore gebundenen Moorkernen sowie weiteren drei aktiven und fünf inaktiven Moorkernen entstanden" (Baumann 2009, 181). Moorkerne sind dauerhaft durchnässte Bereiche, die ihre unmittelbare Umgebung durchfeuchten. Dadurch vergrößerten sich die Moorkerne zu Kleinmooren und bildeten durch das Zusammenwachsen mit anderen Moorkernen größere Moore (vgl. Beug 1999, 8). Die Moorkernbildung setzte zunächst an Bachläufen auf beiden Sattelflanken ein. Die Vermoorung der Sattelhöhe selbst ging nur von der südöstlichen Sattelflanke aus. Dort begann das Wachstum von zwei Hangmooren parallel nebeneinander über die Sattelhöhe hinweg, die sich miteinander verbanden. Dies bewirkte eine Ausdehnung des Moores auch auf die nordwestliche Sattelflanke. Die größten Vermoorungen endeten vor 2.780 bis 3.710 Jahren. Auf der nordwestlichen Sattelflanke gibt es aber auch kleinflächige Vermoorungen, die erst in den letzten 500 Jahren entstanden sind (vgl. Baumann 2009, 182).

Die offenen Moorflächen des Goethemoores sind ein ombrogenes Hochmoor, d.h. sie werden allein durch Regenwasser gespeist und sind dadurch oligotroph, also nährstoffarm. Sie nehmen eine Fläche von 2,65ha ein. Das Hochmoor ist durch seine aufgewölbte Fläche mit bloßem Auge gut zu erkennen. Die abgestorbenen Pflanzenreste lagern sich schichtweise auf dem Granituntergrund ab, dies bewirkt das Hochwachsen des Moores. An den Moorrändern befinden sich schmale Niedermoore. Die meisten Moorabschnitte sind jedoch soligene Hangmoore mit einem minerotrophen Charakter. Dies liegt an den zahlreichen kleinen Bächen, die von den Hängen und Sattelflanken des Brockens und des Königsberges herabfließen. Die größte Wassermenge fließt in Bächen, aber auch unterirdisch vom Brocken hinab. Die Entwässerung vom Königsberg findet ebenfalls größtenteils unterirdisch statt (vgl. Beug 1999, 334). Das soligene Hangwasser tritt breitflächig in das Moor ein oder es kann auch in Bahnen und Bächen durchfließen. Tritt das Mineralbodenwasser in das Moor ein, so staut sich zunächst das Wasser auf dem Granitboden. Durch den entstehenden Wasserrückstau kommt es zum hangaufwärtsgerichteten Moorwachstum. Dies bedeutet, dass bei kleinen Einzugsgebieten das Wachstum von Hangmooren schnell erschöpft sein kann und die Torftiefen geringmächtig unter einem Meter bleiben (vgl. Succow 1986, 37). Beide Sattelhänge sind stärker vermoort als die Sattelflanken. An den schwächer geneigten Hängen, an denen der Abfluss langsamer und die Erosionskraft des Wassers relativ gering ist, wachsen die Torflager in stärkerem Maß in die Höhe. Daraus resultiert ein abnehmender Einfluss des Mineralbodenwassers und die Vegetation wird allein durch Regenwasser gespeist. Aus den soligenen Hangmooren entstehen soli-ombrogene Hanghochmoore. Aufgrund der hangabwärts verschobenen und dort stark aufwachsenden ombrogenen Anteile werden diese Hanghochmoore auch als exzentrische Hochmoore bezeichnet (vgl. Beug 1999, 93). Das Goethemoor besteht aus einem Mosaik aus ebensolchen soligenen und soli-ombrogenen Hangmooren. Soli-ombrogene Moore haben einen mesotrophen Charakter, d.h. sie sind mäßig nährstoffarm und der pH-Wert liegt unterhalb von 4,8. Gemäß der ökologischen Einteilung der Moore nach SUCCOW (1986) werden die soligenen und soli-ombrogenen Vermoorungen des Goethemoores dem Sauer-Zwischenmoor zugeordnet. Die reinen ombrotrophen Moore werden dem ökologischen Typ des (Sauer)-Armmoores zugeordnet (vgl. Abb. 2) (vgl. Succow 1986, 28-30).

Abbildung 2: Einteilung der Moore nach Succow

Das Goethemoor hat generell ein relativ geringes Torflager mit einer asymmetrischen Verteilung im Längsprofil mit deutlichem Schwerpunkt auf dem flacheren nordöstlichen Sattelhang, wo die größten Torftiefen liegen. Lediglich 41,8% durchgeführter Bohrungen ergaben eine Torftiefe von mehr als 1m. Südlich der Bahntrasse konnte ein Maximum der Torfmächtigkeit mit 3,80m ermittelt werden (vgl. Beug 1999, 333). Weite Bereiche der zentralen Moorfläche haben Torfmächtigkeiten von mindestens 3m (vgl. Baumann 2009, 181). Dass das Goethemoor so ein hohes Alter hat und dennoch so geringe Torfmächtigkeiten aufweist, hängt wahrscheinlich mit dem zu starken Gefälle und der daraus resultierenden hohen Erosionskraft des Wassers und der Störung des Moores durch die Brockenbahn zusammen.

Über den Sattel zwischen Königsberg und Brocken verläuft die Hauptwasserscheide zwischen Weser und Elbe. Dadurch erfolgt die Entwässerung des Goethemoores, teilweise unterirdisch, in nordwestlicher Richtung über Königsbach und Ecker zur Weser und in südöstlicher Richtung über Schwarzes Schluftwasser und Kalte Bode zur Elbe hin. In den Mooranteilen, die allein durch soligenes Hangwasser gespeist werden, gibt es nur vereinzelte schlenkenartige Gewässer, die aufgrund unterirdisch fließender Wasserläufe entstehen (vgl. Baumann 2009, 183).

Wie auch in vielen anderen Mooren des Harzes wurde in der ersten Hälfte des 18. Jahrhunderts im Goethemoor versucht Torf zu stechen. Es gibt mehrere größere Torfstiche direkt nördlich und südlich der Bahntrasse. Aufgrund des nass-rauen Brockenklimas trockneten jedoch die Torfsoden auch in eigens errichteten Trockenhäusern nicht. Daher wurde das Torfstechen 1786 wieder eingestellt. Bis heute konnten sich die Torfstiche regenerieren und tragen eine nieder- bis übergangsmoorartige Vegetation. Die Moorabschnitte, in denen Torfabbau betrieben wurde, sind heute durch ausgedehnte Schlenken gegliedert, die in den niederschlagsarmen sommerlichen Monaten trockenfallen. In den Bereichen der Fundamente der ehemaligen Torfhäuser haben sich sehr nasse, nicht betretbare Torfmoosrasen mit stellenweisen kleinen offenen Wasserflächen entwickelt (vgl. Baumann 2009, 183).

Das Goethemoor selbst ist aus Naturschutzgründen nicht begehbar. Die einzige Möglichkeit um so nah wie möglich an das Goethemoor zu kommen, ist die Wanderung auf dem Goetheweg zum Brocken hinauf. An einigen Abschnitten, wo die Brockenbahn parallel zum Goetheweg verläuft, liegt an Abbruchkanten Hochmoortorf frei. Dies ist für jeden frei zugänglich. Eine Alternative, um allgemein mehr über Moore zu erfahren, sind spezielle Moorführungen. Die Wanderung erfolgt dabei immer über Bohlenwege, um die Moore nicht zu schädigen. Zudem gibt es im Besucher-zentrum TorfHaus eine Ausstellung über Moore.

1.3 EXP 2: Das Niederkalkmoor im Helsunger Bruch

Geographische Lage	Angaben zur Erreichbarkeit
φ = 51° 47' 9.6" N λ = 11° 00' 54" O h = 153 m ü. NHN	Das Helsunger Bruch befindet sich zwischen Blankenburg (4km), Westerhausen (2,5km) und Timmenrode (2km). Von Timmenrode aus ist der Bruch über die Westerhäuser Straße und dann nach Süden Richtung K1348 zu erreichen.

Minerotrophe Niedermoore entstehen bei der Verlandung nährstoffreicher Gewässer oder kommen in der Umgebung sehr nährstoffreicher Böden vor. Das Grund- oder Seewasser enthält viel Sauerstoff, wodurch eine schnelle Zersetzung abgestorbener Pflanzen ermöglicht wird. Die Pflanzenreste lagern sich auch hier sedentär am Boden ab, wobei die Torfmächtigkeiten aufgrund der starken Zersetzung der Pflanzen eher gering bleiben. Der Torf der Niedermoore ist im Vergleich zu Hochmooren sehr nährstoffreich (eutroph) und ermöglicht eine vielfältige Vegetation. In unkultivierten Niedermooren ist der Torf jedoch sehr nass. Dort können nur gut angepasste Pflanzen wachsen. Da Niedermoore nicht vom Niederschlag abhängig sind, kommen sie auch in niederschlagsarmen, mooruntypischen Gebieten vor. Sie werden in Versumpfungs-, Verlandungs- und Hang- oder Quellniedermoore unterschieden (vgl. Göttlich 1990, 7).

Das Helsunger Bruch befindet sich ca. 4km südöstlich von Blankenburg und ist der Aufrichtungszone des Nordharzrandes und der Teufelsmauer bei Timmenrode vorgelagert. Es liegt in der geologischen Blankenburger Mulde der großen subherzynischen Kreidemulde auf oberkretazischen Sandsteinen (vgl. Weinitschke 1983, 145). Es handelt sich beim Helsunger Bruch um ein flaches Feuchtgebiet mit mehreren Seen und dem Naturschutzgebiet Hammelwiese, welches eine Fläche von 5,84ha hat (vgl. Landesverwaltungsamt Sachsen-Anhalt). Die Seen sind wahrscheinlich durch Toteis der Weichsel-Kaltzeit entstanden. Das Bruch selbst entstand ebenfalls im Pleistozän oder Holozän, wobei der südliche Teil relativ stark abgesenkt ist und der nördliche Bereich eher den Charakter einer flachen Mulde oder Senke hat (vgl. Chlod 1998, 48). Die Abgrenzung des Bruchs ist für Besucher deutlich zu erkennen. Im Norden wird es durch die Randstufen des Quedlinburger Sattels und im Süden durch die schroff aufragende Quadersandstein-Schichtrippe der Teufelsmauer abgeschlossen (vgl. Weinitschke 1983, 145). Den Untergrund des Beckens bilden Sandsteine der Heidelberger-Folge, sandig-tonige Abschlämm-Massen, kalkige Torfe und Mudden. Das Niederkalkmoor im Helsunger Bruch ist in seiner Art einzigartig, denn es ist das letzte kalkhaltige mesotrophe Verlandungsmoor mit einem zeitweiligen Durchströmungsmoorcharakter in Sachsen-Anhalt (vgl. Landesverwaltungsamt Sachsen-Anhalt). Der Kalkgehalt nimmt mit der Tiefe des Moores zu. In 10cm Tiefe beträgt der Kalkgehalt 30% und erhöht sich in 30cm Tiefe bereits auf 54% (vgl. Weinitschke 1983, 145). 1964 wurden 278ha Moor standörtlich kartiert und untersucht, wovon 239ha als Grünland, 35ha als Ackerland und 4ha als Wald genutzt werden (vgl. Gutachten Westerhäuser Bruch 1965).

Das Niederkalkmoor ist durch Sedimentation der im stehenden Gewässer befindlichen organischen und anorganischen Bestandteile entstanden. Die abgelagerten organischen oder mit organischer Substanz durchsetzten Sedimente in einem See heißen Mudden (vgl. Abb. 3). Die Mudden haben eine Mächtigkeit von mehreren Dezimetern und sind in der Mitte eines Gewässers besonders mächtig. Die Ufervegetation wächst in das Gewässer hinein und unter dem so genannten Schwingrasen lagern sich Torfe ab, in diesem Moor vor allem Schilftorfe. Daher ist die Mächtigkeit der Torfe am Gewässerrand besonders hoch. In diesem Niedermoor konnten diese Eigenschaften durch Bohrungen nachgewiesen werden, die den Prozess der Verlandung nahelegen. Die Zusammensetzung der Mudden und Torfe kann je nach Chemismus des Wassers und je nach Trophie und pH-Wert sehr unterschiedlich sein. In diesem Niedermoor herrschen über dem mineralischen Untergrund vor allem Tonmudden mit einer durchschnittlichen Mächtigkeit von 3 bis 10dm vor. Im südlichen Bereich des Bruchs treten vor allem dezimeterstarke Kalkmudden auf. Kalkmudden lagern sich in nährstoffarmen kalkhaltigen Gewässern ab, was darauf schließen lässt, dass im südlichen Teil des Bruchs über längere Zeit ein See vorhanden war, was wiederum auf den Verlandungsprozess hinweist. Die Moormächtigkeiten sind im Vergleich zum Goethemoor sehr hoch. Im zentralen südlichen Teil des Moores gibt es maximale Moormächtigkeiten mit über 65dm, ansonsten nehmen 57% des Moores Mächtigkeiten zwischen 12 und 30dm ein, 25% der Moorflächen weisen weniger als 12dm und 18 % mehr als 30dm auf. Die Standorte mit großen Moormächtigkeiten zeichnen sich durch Mischprofile aus. Mudden und Torfe wechseln sich im stratigrafischen Aufbau in unterschiedlichen Mächtigkeiten ab. Kennzeichnend für dieses Moor ist ein sehr hoher Anteil von sandig bis lehmigen Mineralbodenauflagen von mehr als 6dm (vgl. Chlod 1998, 49-50).

Abbildung 3: Schwingmoorverlandung

Das Helsunger Bruch ist ein niederschlagsarmes, abflussschwaches Gebiet. Das Moor wird hauptsächlich durch zahlreiche Schichtquellen, die aus dem Kreidesandstein entspringen, gewässert. Das weist auf ein Durchströmungsmoor hin. Heute werden nur noch wenige Teile des Bruches ausreichend mit Wasser durchströmt und das Moor hat den Charakter eines Hangquellmoores mit ungleichmäßigen Torfwachstum bekommen (vgl. Chlod 1998, 50). Hangquellmoore werden durch kleinflächig austretendes Quellwasser gespeist. Die Moorkörper, die noch permanent mit Wasser durchströmt werden, weisen besonders hohe, gering zersetzte und locker gelagerte Torflagen und Kalkmudden auf (vgl. Luthardt/Zeit 2014, 46). Oberhalb der Kalkmuddeschicht gibt es einen homogenen Torfkörper aus Schilfgewächsen, der vereinzelt durch Kalkmuddelinsen geprägt ist. Die oberflächennahen Torfschichten sind durch einen hohen Grad an Sauerstoff sehr stark zersetzt. Die ungleichmäßige Schichtung und unterschiedlich strukturierte Zusammensetzung der Mudden und Torfe zeugen von sich abwechselnden Durchströmungs- und Verlandungsprozessen. Der pH-Wert dieses alkalischen Niedermoores liegt zwischen 6-8 (vgl. Chlod 1998, 51). Dieses Niederkalkmoor wird gemäß der ökologischen Einteilung der Moore nach SUCCOW (1986) dem Kalk-Zwischenmoor zugeordnet (vgl. Abb. 2).

Durch den Torfabbau seit dem 18. Jahrhundert, einer intensiven landwirtschaftlichen Nutzung, Trockenlegung und starker Silikatbelastung weist dieses Moor große Devastierungsschäden auf. Durch ein Grabensystem wurde der größte Teil des Moores stark entwässert. Dies führt zur Moorsackung. Durch den Wasserentzug kommt es zu einer Kompression der Torfe und Mudden. Die Torfe in den obersten Schichten schrumpfen aufgrund der Austrocknung und die Höhe der Moormächtigkeiten nimmt ab (vgl. Chlod 1998, 51). Heute besitzen nur noch kleine Teile des Bruchs Niedermoorcharakter und die Reste des Niederkalkmoores sollen mit seinen zahlreichen gefährdeten Pflanzen- und Tierarten geschützt werden.

1.4 EXP 3: Vegetation des Goethemoores und des Niederkalkmoores im Helsunger Bruch

Jeder einzelne Moortyp ist durch für ihn typische Pflanzengesellschaften geprägt. Das sind charakteristische Arten von Moorpflanzen, die in ähnlicher Kombination immer wieder in bestimmten Moortypen vorkommen. Jede Pflanzenart hat dabei ihren festen Platz. Dabei werden die Pflanzengesellschaften nach Wuchshöhe und Lebensform der Arten in Baum-, Strauch-, Kraut- und Moosschichten gegliedert, die wiederum verschiedene Formationen bilden können (vgl. Göttlich 1990, 12).

Die Vegetation von Mooren stellt man sich relativ einfach und karg vor. Das dies nicht so ist, werde ich im folgenden Beitrag aufzeigen. Die Pflanzen die in Mooren wachsen, haben nämlich unglaubliche Fähigkeiten erworben, um sich diese Gebiete zu eigen zu machen. Die Ökologie eines Hochmoores ist durch einen geringen Stofftransport gekennzeichnet. Die typische Armmoor-vegetation besteht hauptsächlich aus Zwergstrauch-Wollgras-Torfmoosrasen und Torfmoosen *(Sphagnum).* Gerade wachsende Hochmoore werden von Milliarden von Torfmoosen beherrscht, die ganz dicht nebeneinanderstehen. Torfmoose haben die Besonderheit, dass sie das 15-30fache oder sogar mehr ihres Trockengewichts an Wasser aufnehmen können und es nur sehr langsam wieder abgeben. Sie wirken wie ein Schwamm. Die Torfmoose wachsen nur einige Millimeter pro Jahr in die Höhe und sterben nach unten hin durch Lichtabschluss ab und vertorfen (vgl. Göttlich 1990, 18).

Die Vegetation des Goethemoores ist aufgrund der unterschiedlichen Moortypen sehr vielfältig. Es kommt sowohl eine typische Hochmoor- als auch Niedermoorvegetation vor. Die mit Abstand größte Ausdehnung der Niedermoorvegetation hat die *Eriophorum angustifolium*-Gesellschaft mit 2,64ha (vgl. Abb. 4 und 5) (vgl. Baumann 2009, 183). In diesem Niedermoor-Stufenkomplex dominiert das namensgebende *Eriophorum angustifolium* (Schmalblättriges Wollgras). Dabei handelt es sich um eine mehrjährige, krautige Pflanze, die bis zu 90cm hoch werden kann und zur Familie der Sauergrasgewächse gehört. Das Schmalblättrige Wollgras ist ein Geophyt und Helophyt, es bildet Rhizome und lange Ausläufer. Das Wollgras ist durch seine langen, blendend weißen Wollhaare sehr leicht zu erkennen. Es wächst auf nassen, nährstoffarmen und mäßig sauren Torfböden (vgl. Wendelberger 1986, 173). Zu dieser Gesellschaft gehören die Torfmoose *Sphagnum recurvum* (1,48ha), *Sphagnum papillosum* (0,84ha) und *Sphagnum auriculatum* (0,14ha) (vgl. Baumann 2009, 184). Die Blätter der Torfmoose bestehen aus langgestreckten, chlorophyllhaltigen, lebenden Zellen und großen rhombischen Räumen, die zahlreiche runde Öffnungen aufweisen, durch die sie das Wasser aufnehmen. Torfmoose sind an die extremen Bedingungen der Hochmoore hervorragend angepasst. Sie nehmen selbst in geringsten Konzentrationen vorkommende Nährstoffe auf und binden die Mineralionen aus dem Wasser selektiv an seine Zellwände und geben im Gegenzug Wasserstoffionen an die Umgebung ab, wodurch sie ein saures Milieu schaffen. Dies verhindert das Wachstum von Konkurrenten, denn nur wenige Pflanzen können in einer sauerstoff- und nährstoffarmen und zeitgleich sauren Umgebung wachsen Torfmoose nehmen selbst im abgestorbenen Zustand mit ihren Wasserzellen in den Blättern und den Wassersäcken im Stängel das Wasser auf. In Trockenzeiten verdunstet das kapillar gebundene Wasser und die Pflanze trocknet vollständig aus. Die toten Wasserspeicherzellen bleiben dank ihrer spiraligen Versteifung stabil und füllen sich mit Luft. Dadurch wechselt sie Farbe vom satten Grün, Gelbgrün oder Rotbraun zu Weißlichgrün bis Blaßrotbraun. Dieser Vorgang des Verbleichens gab der Gattung den Namen „Bleichmoos" oder „Weißmoos". Werden die Torfmoose erneut befeuchtet, beginnen sie wieder zu grünen und zu wachsen (vgl. Wendelberger 1986, 160-161).

Abbildungen 4 und 5: Vegetationskomplexe und Verteilung der Pflanzengesellschaften im Goethemoor

Die *Eriophorum angustifolium*- Gesellschaft mit seinen Torfmoosen kommt vor allem auf den soligenen Hangmooren H2 und FW2, aber auch auf dem Goethemoor im engeren Sinn vor (vgl. Abb. 4 und Baumann 2009, 184-185). Die Zweitgrößte Ausdehnung hat die *Molinia caerulea*-Gesellschaft (Blaues Pfeifengras) mit 1,26ha auf den soligenen Hangmooren H4, FO1, SHN1, SHN2 (vgl. Abb. 4 und 5). Dies sind ausdauernde, horstbildende Gräser mit einer Wuchshöhe von 10-90cm aus der Gattung der Pfeifengräser innerhalb der Familie der Süßgräser (vgl. Wendelberger 1986, 100). Es wächst vor allem in den ehemaligen Torfstichen. Dort wechseln sich Übergangs-, *Eriophorum angustifolium*- und *Molinia caerulea*-Niedermoor-Stufenkomplexe mosaikartig ab (vgl. Baumann 2009, 185). In den regenerierten Torfstichen S1 und in stärker beschatteten Bereichen soligener Hangmoore wachsen *Caricetum nigrae* (0,26ha) (Schwarzsegge), die zur Klasse der *Scheuchzerio-Caricetea fuscae* (Braunseggen) gehört (vgl. Abb. 4). An sehr nassen Stellen wächst die *Carex rostrata*-Gesellschaft (0,11ha) (Schnabel-Segge) aus der Gattung der Seggen innerhalb der Familie der Sauergrasgewächse (vgl. Abb. 4 und 5). Dies ist eine ausdauernde krautige Pflanze mit einer Wuchshöhe von 25-100cm. Eine Besonderheit des Goethemoores ist das *Caricetum lasiocarpae*, das nur in einem nordöstlichen Hangmoor vorkommt und nur 275m² bedeckt. Dies entspricht weniger als ein Prozent der Goethemoor-Fläche (vgl. Abb. 4 und 5). Dies ist ein Fadenseggenmoor mit der vorherrschenden Gefäßpflanze Faden-Segge. Diesem Bestand ist auch *Molinia caerulea* beigemischt (vgl. Baumann 2009, 184).

Die Hochmoorvegetation der Klasse *Oxycocco-Sphagnetea* (Hochmoorbult- und Heidemoorgesellschaft) nimmt mit 7,30ha eine größere Fläche ein als die Niedermoorvegetation. Dem Goethemoor im engeren Sinn, auch als „Brockenmoor“ bezeichnet, gehört hauptsächlich ein Hochmoor-Regenerationskomplex an, der weitestgehend der *Sphagnum rubellum*-Subassoziation (Rötliches Torfmoos – 0,76ha) des *Sphagnetum magellanici* (Magellans Torfmoos – 3,26ha) entspricht (vgl. Abb. 4 und 5). Beide sind durch ihre rötliche Färbung gut erkennbar. Eine weitere Hochmoorvegetation ist die *Scheuchzerio-Caricetea fuscae*-Gesellschaft bildende *Trichophorum germanicum*-Gesellschaft, die vor allem Teilflächen der Hangmoore H1 und FW8 vollständig bedeckt (vgl. Abb. 4). Der Hochmoor-Regenerationskomplex, ein Mosaik aus wachsenden und nicht wachsenden Bereichen, wird von Hochmoor-Stillstandskomplexen ringförmig umgeben. Hochmoor-Stillstandskomplexe werden von Bulten und Schlenken gegliedert, die im Sommer trockenfallen können. Torfmoose können hier keine geschlossene Decke bilden. Zu diesem Komplex gehören die Subassoziationsgruppe *Sphagnum nemoreum, S. tenellum* und *Cladonia arbuscula.* Diese werden von Hochmoor-Erosionskomplexen an Torfstichkanten abgelöst. Erosionskomplexe sind stärker geneigte Bereiche von Stillstandsflächen, in denen Wasser tiefe Erosionsrinnen gebildet haben. Diese haben eine drainierende Wirkung, wodurch benachbarte Torfe austrocknen. Hier können nur an Wasserstress angepasste Pflanzen, wie *Calluna vulgaris* (Besenheide) und Flechten wachsen (vgl. Jensen 1987, 14). Gut zu erkennen ist, dass das Hangmoor am Königsberg durch eine steile Abbruchkante in einen größeren hangunteren und einen kleineren hangoberen Teil abgegrenzt wird. Direkt am Fuße der Abbruchkante befindet sich eine großflächige Suhle. Auf dem unteren Hangabschnitt sind vor allem Stillstands- und Erosions-komplexe vorzufinden. Die Vegetationsdecke ist lückenhaft und es gibt eine große Anzahl von jungen Fichten, die kleiner als 50cm sind. Abseits der alten Torfstiche gibt es starke vernässte Bereiche, wo Regenerationskomplexe mit dichten Torfmoosdecken vorhanden sind. Der obere Hangteil ist viel stärker bewachsen und zeigt durch seinen dominierenden Stillstandskomplex mit seinen zahlreichen Fichten einen Übergang zum Reisermoor. Das *Piceo-Vaccinietum uliginosi* ist mit 3,59ha die am weitesten verbreitete Gesellschaft (vgl. Abb. 4 und 5). Auf einer Fläche von 1,54ha bedecken Fichten 25-50% der Fläche, so dass hier ein deutlicher Übergang zu den Moor-Fichtenwäldern gegeben ist (vgl. Baumann 2009, 184-185).

Das Goethemoor hat nun die Besonderheit, dass die Brockenbahn, 1899 eröffnet, hindurch fährt und damit das Moor in einen nördlichen und südlichen Teil trennt. Dies führt zu einer starken Entwässerung des Moores und damit zu einer erheblichen Störung des Ökosystems. Dies bedeutet, dass die stillgelegten Stoffkreisläufe durch Abführung des Wassers aktiviert werden. Die organischen Substanzen bauen sich nun oxidativ und biochemisch ab, Stickstoff wird durch Nitrifizierung freigesetzt (vgl. Succow 1986, 23). Die offene Hochmoorfläche verringerte sich dadurch seit 1928 bereits um etwa 2/3 von 19,7 ha auf 6,4 ha. Auf dem nördlich der Bahn liegendem Teil wachsen heute fast vollständig Fichten. Vereinzelt gibt es aber auch offene Flächen mit einer gutwüchsigen Hochmoorvegetation. Die zwei südlich der Bahn liegenden größeren offenen Flächen sind ein ombro-soligenes Hochmoor mit einem kleinen Wachstumskomplex und mit einer Reisermoorvegetation. Zwischen beiden Flächen steht ein aufgelockerter Moor-Fichtenwald. Auf der offenen Moorfläche am Königsberg besteht der größte Teil aus Stillstands- oder Erosionskomplexen. Vorherrschend ist die Rasenbinse *(trichophorum cespitosum)* zu finden. Auf einer Fläche von 4,12ha hat sich die Niedermoorvegetation der Klasse *Scheuchzerio-Caricetea fuscae* entwickelt. Dies sind Kleinseggengesellschaften, aus Kleinseggen, Binsen und Wollgräsern aufgebaute, oft moosreiche Gesellschaften. Ihr Boden wird von Grund-, Quell- oder Sickerwasser ständig durchtränkt und trocknet nur oberflächlich ab. Sie gelten als Glazialrelikte und sind damit einzigartig (vgl. Baumann 2009, 183-185). Das Goethemoor verfügt also über eine vielfältige Vegetation, die sich in diesen rauen Bedingungen perfekt angepasst hat.

Das Niederkalkmoor im Helsunger Bruch weist ebenfalls eine abwechslungsreiche Vegetation auf, auch wenn einige Pflanzenarten bereits stark gefährdet sind. Prinzipiell haben Niedermoore eine höhere Artenvielfalt als Hochmoore. Im Wesentlichen ist das Bruch gehölzfrei. Durch beträchtliche Grundwasserabsenkung im Helsunger Bruch wurde die Bebuschung begünstigt. An den Entwässerungsgräben sind daher vor allem die Kriechweide (*Salix repens*) und der Faulbaum (*Frangula alnus)* vorzufinden. Am Südrand ist kleinflächig die Kohlkratzdistel-Untergesellschaft der Glatthaferwiese ausgebildet. Über größere Flächen schließt sich daran die Engelwurz-Kohlkratzdistelwiese (*Angelico-Cirsietum*) an (vgl. Weinitschke 1983, 146-146). Im gemähten Zustand ist diese reich an konkurrenzschwachen Kräutern wie Breitblättriges Knabenkraut (*Dacthylorhiza majalis*), Scharfer Hahnenfuß (*Ranunculus acris*) und Sumpf-Pippau (*Crepis paludosa)* (vgl. Landesverwaltungsamt Sachsen-Anhalt). Floristisch von großer Bedeutung sind die nassen Standorte mit der Stumpfblütigen Binse (*Juncus subnodulosus*) der Kalkbinsen-wiese. Auf eben dieser Wiese gibt es sehr viele kalkliebende Pflanzenarten. Dazu gehören u.a. das Echte Fettkraut (*Pinguicula vulgaris*), Sumpfherzblatt (*Pamassia palustris*), Herbstzeitlose (*Colchicum autumnalis*), Steifblättriges Knabenkraut (*Dactylorhiza incamata*), Echtes Mädesüß (*Filipendula ulmaria)* und Schwarzes Kopfried (*Schoenus nigricans*). Durch die Grundwasser-absenkung und das fehlende Mähen hat sich neben der Bebuschung eine üppige Staudenfazies aus Kohlkratzdistel (*Cirsium oleraceum*), Echtem Mädesüß (*Filipendula ulmaria*) und Gemeinem Gilbweiderich (*Lysimachia vulgaris*) entwickelt. Diese Pflanzen stellen eine Bedrohung für die heimischen Pflanzenarten dar. Vom Sumpfknabenkraut (*Orchis palustris*), welches auch auf der Kalkbinsenwiese wächst, gibt es nur noch wenige Individuen. An besonders feuchten Standorten kommt die Schlank- (*Carex acuta*) bzw. Sumpf-Segge (*Carex acutiformis*) vor. Im Westen des Niederkalkmoores kommt aufgrund von Beeinträchtigungen die Kohldistelwiese im Degradationsstadium mit Rasen-Schmiele (*Deschampsia cespitosa*) vor (vgl. Landesverwaltungsamt Sachsen-Anhalt). Die starken Devastierungsschäden des Niederkalkmoores führten immer mehr zur Uniformierung der Vegetation und zum Verlust vieler seltener Arten (vgl. Weinitschke 1983, 146-146).

1.5 EXP 4: Wienroder Becken

Geographische Lage	Angaben zur Erreichbarkeit
φ = 51° 45' 54" N	Das Wienroder Becken befindet sich zwischen Blankenburg und Thale.
λ = 10° 58' 12" O	Die Städte Wienrode, Cattenstedt und Timmenrode befinden sich in
h = 230 m ü. NHN	diesem Becken.

Im Harz und im Harzumland gibt es einige kleine und große Braunkohle- und Steinkohlelagerstätten (vgl. Abb. 6). In der Region um Aschersleben, vor allem zwischen Nachterstedt und Schadeleben, befand sich der größte Tagebau dieser Region und mit 70m auch einer der tiefsten Deutschlands. Zwischen 1856 und 1991 wurde dort Braunkohle abgebaut. Der Tagebau brachte der Region einen wirtschaftlichen Aufschwung, aber es ereigneten sich auch Unglücksfälle während und nach dem Abbau. Unter anderem dürfte Einigen das Unglück von Nachterstedt noch bekannt sein. 2009 kamen dort bei einem Erdrutsch drei Menschen ums Leben. Als Ursache wird das Aufweichen der Böschung durch Grundwasser vermutet. Nach der Einstellung der Kohleförderung wurde der Tagebau geflutet und es entstand der Concordia-See. So ist der Tagebau bis heute in gewisser Weise an der Landschaftsgestaltung beteiligt (vgl. MZ).

Abbildung 6: Kohlelagerstätten im Harz

Im Harz gibt es aber auch kleine Bereiche, wo Kohle entstanden ist. So zum Beispiel im Wienroder Becken, welches sich zwischen den Städten Thale und Blankenburg befindet (vgl. Abb. 6). Im Norden wird das Becken durch den „Sandsteinwall" der Teufelsmauer mit ca. 330m ü. NN, im Westen und Süden mit der Harzhochfläche bei ca. 400m ü. NN klar abgegrenzt. Im Osten hingegen dominiert ein Gefälle der Landoberfläche ausgehend von Wienrode bei ca. 230m ü. NN bis hin zum Bereich der Bodeaue bei Thale auf ca. 160m ü. NN. Im Tertiär kam es zu starken schollentektonischen Bewegungen im Harz. Wann genau diese Hebungen stattfanden, konnte noch nicht genau geklärt werden. Der Autor Thiel berichtet 1999 im Exkursionsführer Wienroder Becken, dass die Hebung im Pliozän begann (vgl. Thiel 1999, 31). Laut einer neueren Quelle aus 2005 besteht die Annahme, dass es bereits im Postrupelium eine Aktivitätsphase der Nordharzrandstörung mit Hebungsbeträgen von bis zu 300m gab. Der Mittelharz bildete also mit dem Harzvorland im Oligozän noch ein einheitliches Niveau (vgl. König/Blumenstengel 2005, 125). Die tektonischen Bewegungen führten dann zur Hebung der Harzscholle, wobei der Oberharz einer größeren Hebung und Wölbung unterliegt als der Mittel- und Unterharz (vgl. Thiel 1999, 31). Der Harzrand ist normalerweise relativ steil. Daher stellt die Einbuchtung des Beckens von Wienrode ein einmaliges Phänomen dar, dessen Entstehung ebenfalls noch nicht vollständig geklärt ist. Das Becken besteht im Süden aus paläozoischen Gesteinen der Harzscholle und im Norden aus jüngeren mesozoischen Gesteinen der Aufrichtungszone am Harzrand. Beide Gesteinsbereiche wurden durch die Harznordrandstörung getrennt, die sich von Nordwesten von Blankenburg bis nach Thale im Südosten zieht (vgl. Jerosch 1999, 6). Wie aus dem Exkursionsführer Wienroder Becken vom Autor Thiel entnommen, konnten sich durch die Hebung des Harzes Zechstein-sedimente aus der Perm-Zeit aufrichten (vgl. Thiel 1999, 31). Neueste Untersuchungen ergaben jedoch, dass das Zechstein bereits in der Kreidezeit steilgestellt wurde und nicht erst im Pliozän. Durch Subrosion entstanden dann abflusslose Hohlformen, in denen die tertiäre Moorbildung einsetzte (vgl. Kriebel et al. 2002, 26-31). Im Tertiär herrschte zudem ein subtropisches Klima mit Trocken- und Regenzeiten. Diese warm-feuchten Bedingungen waren ideale Vorrausetzungen für das Entstehen und Wachsen von Mooren (vgl. Erxleben/Großmann 1999, 110). Außerdem führte das Anheben der Harzscholle zu einer Vergrößerung des Gefälles zum Vorfluter, wodurch sich die Flüsse noch tiefer in die Täler einschnitten. Die Flüsse, wie z.B. die Ur-Bode, verfrachteten nun große Teile des tertiären Verwitterungsmaterials ins Vorland. An den Gleithängen der Mäander wurden Kiese und Sande abgelagert und wenn es zur Abschnürung eines Mäanderarmes kam, konnten sich dort Tone absetzen. In diesen stehenden Gewässern entstanden durch Verlandungs-prozesse ebenfalls Moore. Es konnten sich nun Torfe ablagern, aus denen durch den Prozess der Inkohlung Braunkohle entstanden ist (vgl. Thiel 1999, 33). Beim Alter der Braunkohle ergeben sich ebenfalls Widersprüche. Laut dem Autor Thiel begann die Bildung von Braunkohle im Unter- bis Mitteleozän. Bohrungen ergaben jedoch, dass die Braunkohle ein oligozänes Alter hat und damit etwas jünger ist als angenommen (vgl. Kriebel et al. 2002, 26). In der Endphase der Moorbildung erfolgte eine marine Beeinflussung durch das Ansteigen des Meeresspiegels im Postrupel. Dies konnte durch marines Plankton in den oberen 7m eines Bohrprofils nachgewiesen werden. Die Meerestransgression im Rupelium reichte wahrscheinlich bis zur Harzhochfläche bei Elbingrode. Das konnte durch Rupel-Sedimente in Karstholformen in Wienrode und Hartenberg festgestellt werden (König/Blumenstengel 2005, 120).

Der Prozess der Inkohlung beginnt zunächst mit einer biochemischen Phase, der Vertorfung. Die abgestorbenen Pflanzen werden zunächst von tierischen Organismen, wie Ameisen und Regenwürmern zerkleinert und durch aerobe, später durch anaerobe Bakterien und niedere Pilze zersetzt. Dabei werden Zellulose und Lignin in Huminstoffe umgewandelt (vgl. Lexikon der Geowissenschaften 2000). Die Pflanzenreste sinken im Moor immer weiter ab, wodurch durch den zunehmenden Sauerstoffausschluss und ansteigender Temperaturen ein komplett anaerobes Milieu geschaffen wird. Nun beginnt die geochemische Phase. Durch die sedentäre Sedimentation steigt der

Druck auf die untersten Torfschichten, wodurch es zur Verringerung des Porenvolumens und damit zur Druckentwässerung kommt. Der Torf hat anfänglich noch einen Wassergehalt von 80%-90% und durch den zunehmenden Druck kommt es zu einem Wasserverlust von bis zu 40%. In diesem ersten Inkohlungsgrad ist Weichbraunkohle entstanden. Durch den Verlust von Wasser, Kohlendioxid, Methan und anderen verschiedenen sauerstoffhaltigen funktionellen Gruppen kommt es zur relativen Anreicherung von Kohlenstoff und damit zur Erhöhung des Brennwertes der Kohle (vgl. Lexikon der Geowissenschaften 2000). Für die weiteren Inkohlungsprozesse ist vor allem die mit der Tiefe zunehmende Erdwärme von großer Bedeutung. Durch die zunehmende Temperatur wird die Weichbraunkohle in Hartbraunkohle und nach langer Zeit in Steinkohle umgewandelt. Durch weiter ansteigende Temperaturen und weiteres Absinken der Schichten kann Anthrazit gebildet werden und bei extremen Temperaturen eventuell sogar Grafit. Beim Inkohlungsprozess verflüchtigen sich die Anteile von Wasserstoff, Sauerstoff und Stickstoff, so dass der Kohlenstoffgehalt zunimmt und im Stadium des Grafits auf 100% ansteigt (vgl. Thiel 1999, 32). In Torfen, Braun- und Steinkohle können noch Gefügebestandteile nachgewiesen werden. Je höher jedoch der Inkohlungsgrad ist, desto mehr gleichen sich die Eigenschaften der Gefügebestandteile chemisch an (vgl. Göttlich 1990, 117).

Das Braunkohleband im Wienroder Becken erstreckt sich mit seinen einzelnen Kohlefeldern über 2 – 2,5km Länge zwischen Wienrode und Thale (vgl. Erxleben/Großmann 1999, 108). Ein 12m mächtiges Braunkohleflöz, welches an den Ausstrich des Zechsteinsalinars gebunden ist, weist auf ein Kohleflöz des Salzauslaugungstyps hin. Die Kohle weist durch tektonische Einwirkungen eine mittel- bis kleinstückige Beschaffenheit und einen hohen Inkohlungsgrad mit 45% Sättigungswassergehalt auf (vgl. Thiel 1999, 33). Seit 1895 wurde Braunkohle im Wienroder Becken durch eine Schachtanlage abgebaut. Der Schacht der Grube Hercynia, ihre Fläche beträgt 1.800.720m², hatte eine maximale Tiefe von 37m (vgl. Erxleben/Großmann 1999, 109). Der Aufwand zur Kohleförderung war extrem hoch und letztendlich rentierte sich der Tagebau nicht. Zum einen musste während der Kohlegewinnung das Grundwasser ständig abgepumpt werden. Zum anderen war die Braunkohle nur von geringer Qualität und zerfiel bereits beim Abbau. Daher wurde sie auch Rieselkohle genannt. Aufgrund von Deformationen starker mechanischer Druckbewegungen und Drehverschiebungen, die auf die Kohlelagerstätten einwirkten, ist die Braunkohle so brüchig. Aus diesen Gründen und weil sich die Kohlelagerstätten langsam erschöpften, wurde der Kohle-abbau nach dem 2. Weltkrieg eingestellt. Befindet man sich heute auf dem Gebiet des ehemaligen Tagebaus, so sind noch drei Löcher mit 2m Tiefe und einem Durchmesser von 4m östlich von Wienrode zu erkennen. Sie dienten zur Lokalisierung der Lage der Braunkohleflöze. Weiterhin sind noch anthropogene Terrassenformen und ein wassergefüllter Schachtteich der ehemaligen Grube „Wilhelm" vorzufinden (vgl. Erxleben und Großmann 1999, 108-110).

Verwendete Hauptquellen

Baumann, Kathrin (2009): Entwicklung der Moorvegetation im Nationalpark. In: Schriftenreihe aus dem Nationalpark Harz- Band 4. Wernigerode

Beug, Hans-Jürgen et.al. (1999): Landschaftsgeschichte im Hochharz – Die Entwicklung der Wälder und Moore seit dem Ende der letzten Eiszeit. Clausthal-Zellerfeld: Papierflieger Verlag.

Göttlich, Karlhans (1990): Moor- und Torfkunde. Stuttgart: E. Schweizerbart´sche Verlagsbuchhandlung, 3. vollständig überarbeitete, ergänzte und erweiterte Auflage.

Luthardt, Vera/Zeitz, Jutta (2014): Moore in Brandenburg und Berlin. Rangsdorf: Natur+Text GmbH.

Succow, Michael (1986): Moore in der Landschaft – Entstehung, Haushalt, Lebewelt, Verbreitung, Nutzung und Erhaltung der Moore. Leipzig, Jena, Berlin: Urania-Verlag.

Weitere Quellen für den globalen Anhang:

Chlod, Thomas (1998): Das Moorgebiet „Helsunger Bruch" – seine Entwicklung und Nutzung. In: Kleßen, Reinhard (Hrsg): Exkursionsführer für das nördliche Harzvorland insbesondere für das Helsunger Bruch. Arbeitsberichte Geographisches Institut, Humboldt-Universität zu Berlin, Heft 27, Berlin.

Erxleben, Grischa /Großmann, Rico/Jerosch, Kerstin/Thiel, Gordon (1999): In: Exkursionsführer Wienroder Becken. Arbeitsberichte Geographisches Institut, Humboldt-Universität zu Berlin, Heft 39, Berlin.

Glässer, Rüdiger (1994): Das Klima des Harzes. Hamburg: Verlag Dr. Kovac.

Institut für Grünland und Moorforschung (1965): Gutachten Westerhäuser Bruch.

Jensen, Uwe (1987): Die Moore des Hochharzes. Allgemeiner Teil. Naturschutz und Landschaftspflege: Hannover, S. 1-91).

König, Wolfram/Blumenstengel, Horst (2005): Die Oligozänvorkommen am Hartenberg und bei Hüttenrode im Mittelharz und ihre Bedeutung für die känozoische Harzentwicklung. In: Mitt. Verb. Dt. Höhlen-u. Karstforsch., 51 (4): München.

Kriebel, Ulrich/Radtke, Peter/Rappsilber, Ivo (2002): Ergebnisse geowissenschaftlicher Untersuchungen im Becken von Wienrode (Harz). In: Hallesches Jahrb. Geowiss., B 24, Halle

Landesamt für Umwelt Land Brandenburg: URL: http://www.lugv.brandenburg.de/cms/detail.php/bb1.c.392493.de (letzter Abruf: 28.02.2016)

Landesverwaltungsamt Sachsen-Anhalt: Hammelwiese. URL: http://www.lvwa-natur.sachsen-anhalt.de/doppel/nsg0063.htm (letzter Abruf: 10.02.2016).

Lexikon der Geowissenschaften: Inkohlung. URL: http://www.spektrum.de/lexikon/geowissenschaften/inkohlung/7515 (letzter Abruf: 15.02.2016).

Möbus, Günter (1966): Abriß der Geologie des Harzes. Leipzig.

MZ (2010): Bergbau Nachterstedt: Von der Braunkohle zum Tourismus. URL: http://www.mz-web.de/aschersleben/bergbau-nachterstedt--von-der-braunkohle-zum-tourismus-7229146 (letzter Abruf: 04.03.2016).

Nationalpark Harz (2010): Kostbar: Die Harzer Moore. URL: http://www.nationalpark-harz.de/de/naturschuetzen/moore/#intNavBreadcrumb (letzter Abruf: 10.02.2016).

Niedersächsischer Landesbetrieb für Wasserwirtschaft, Küsten- und Naturschutz (NLKKN): Lebensraum Hochmoor. URL: http://www.nlwkn.niedersachsen.de/startseite/naturschutz/foerderprogramme/life/hannoversche_moorgeest/life_projekt/lebensraum_hochmoor/lebensraum-hochmoor-113682.html (letzter Abruf: 28.02.2016).

Weinitschke, Hugo (1983): Hammelwiese. In: Handbuch der Naturschutzgebiete der Deutschen Demokratischen Republik – Die Naturschutzgebiete der Bezirke Magdeburg und Halle, Band 3, 2. Auflage, Leipzig: Urania Verlag, S. 145-147.

Abbildungsverzeichnis

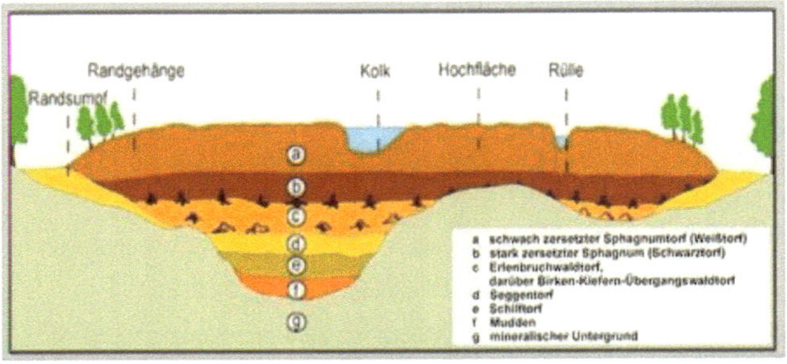

Abbildung 1: Typischer Schichtaufbau eines Hochmoores (verändert nach: Overbeck, F., 1975: Botanisch-geologische Moorkunde) Quelle: NLWKN

Abbildung 2: Einteilung der Moore nach Succow

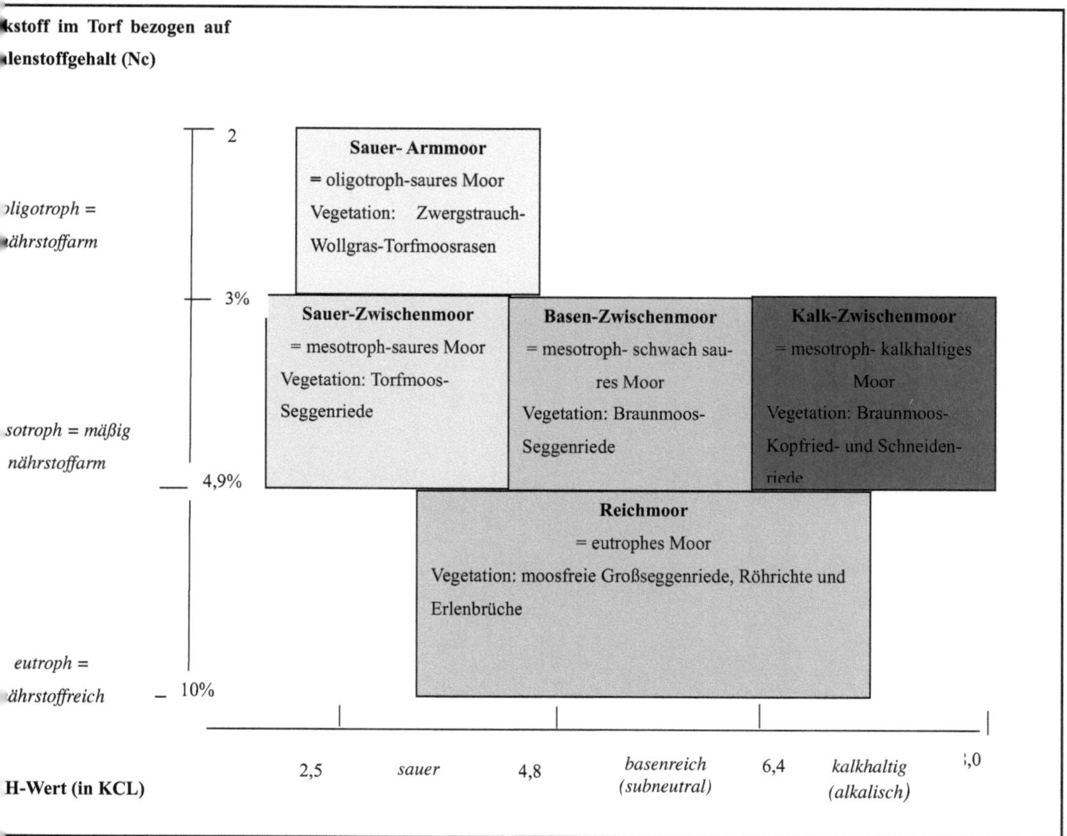

Abbildung 2: Ökologische Moortypen Mitteleuropas (nach Succow 1986, verändert)

Abbildung 3: Schwingmoorverlandung

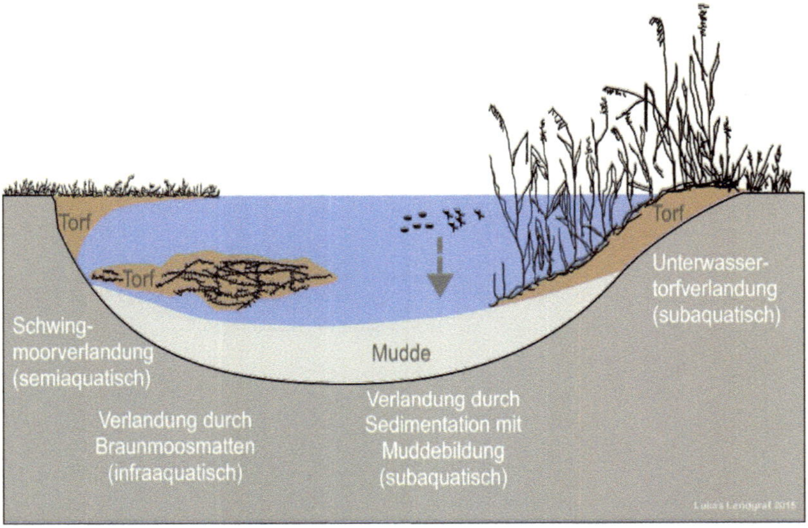

Abbildung 3: Schwingmoorverlandung, Quelle: Dr. Lukas Landgraf, LFU Brandenburg

Abbildung 4: Vegetationskomplexe im Goethemoor

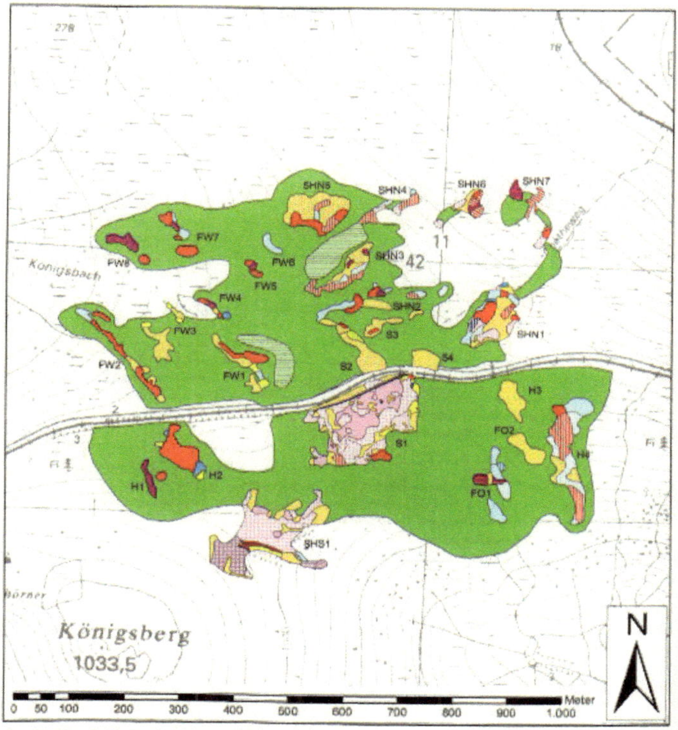

Karte 30-1: Karte der Vegetation des Goethemoors (Maßstab 1 : 7.000).

Abbildung 4: Wichtige Vegetationskomplexe im Goethemoor. Quelle: Claudia Jözwiak

- Eriophorum angustifolium-Gesellschaft (H2, FW2, H4, FW7, SHN1, SHN3, SHN4, SHN5)
- Molinia caerulea-Dominanzbestände (H4, F01, SHN1, SHN2, FW6)
- Caricetum nigrae (S1, SHS1, FW1, FW3, H2)
- Carex rostrata-Gesellschaft (H2, FW4, SHN1, FO1)
- Caricetum lasiocarpae (SHN1)
- Sphagnetum magellanici (S1, SHS1)
- Trichophorum germanicum-Gesellschaft (H1, FW8)
- Piceo-Vaccinietum uliginosi
- Reisermoorvegetation (S4, FO2, H3, S2, S3, FW3)

Abbildung 5: Verteilung in % der Pflanzengesellschaften im Goethemoor

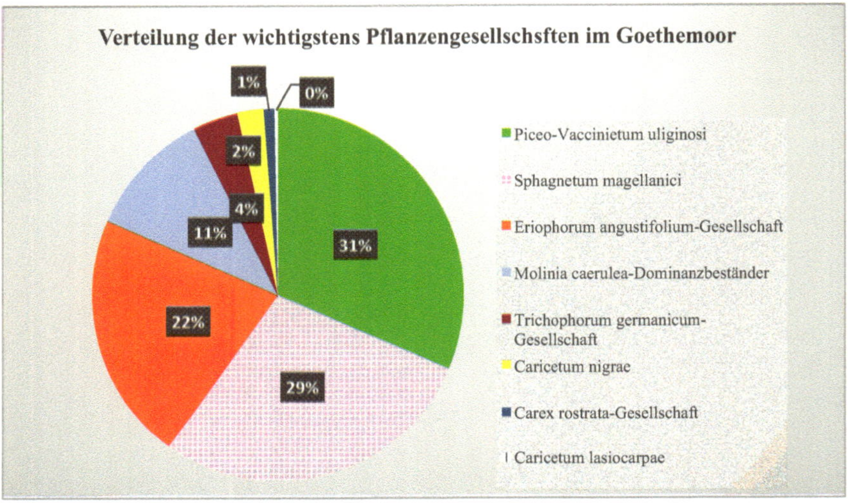

Abbildung 5: Vorkommen der wichtigsten Pflanzengesellschaften im Goethemoor. Quelle: Claudia

Abbildung 6: Kohlelagerstätten im Harz

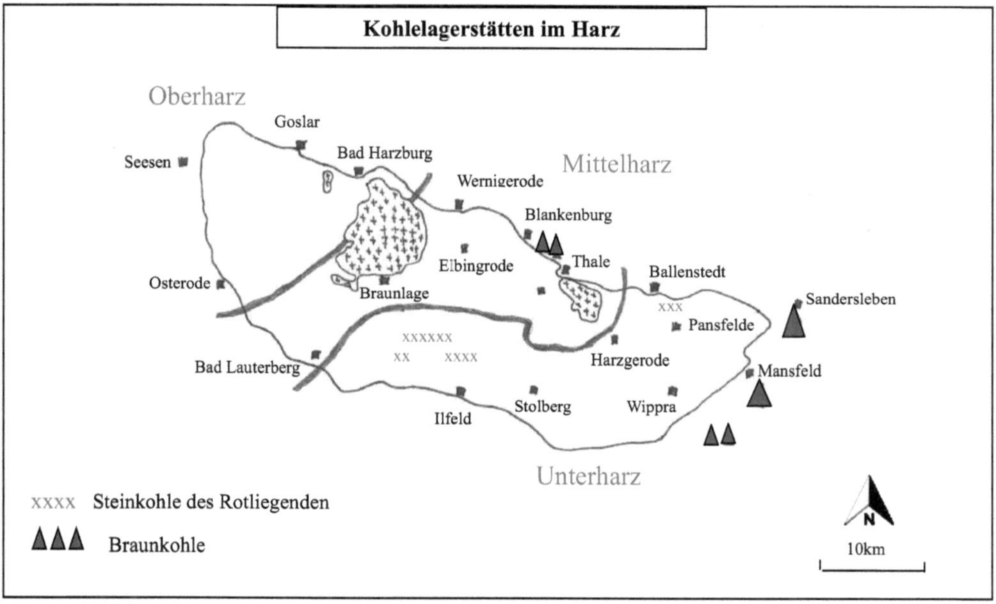

Abbildung 6: Die Verbreitung der Kohlelagerstätten im Harz und an seinen Rändern.

Quelle: Claudia Jözwiak